LES

RACES BOVINES

EN FRANCE

PAR

GUY DE CHARNACÉ

PARIS

CH. DELAGRAVE ET Cᵢₑ, LIBRAIRES-ÉDITEURS

RUE DES ÉCOLES, 78

1869

Droits de traduction réservés

A LA MÊME LIBRAIRIE

DU MÊME AUTEUR :

Les Races chevalines en France. In-18 jésus, avec figures, broché.. 75 c.

Les Mérinos, par ÉMILE BAUDEMENT, précédés de considérations générales sur l'espèce ovine, par M. GUY DE CHARNACÉ. 1 vol. in-18 jésus, avec figures, broché............ 2 fr.

Principes de Zootechnie, par LE MÊME. 1 vol. in-18 jésus, avec figures, broché..................................... » »

LES
RACES BOVINES
EN FRANCE

Origine. — Les civilisations les plus reculées ont connu le bœuf; on le rencontre chez les Égyptiens, chez les Perses, chez les Chinois, chez les Indiens. Partout, en Orient, il a été domestiqué. Est-ce de là qu'il nous est venu ? Voilà ce qu'il n'est guère possible d'affirmer aujourd'hui. Il nous paraît plus facile d'admettre qu'il fut aussi en Occident l'objet de la domestication plutôt que celui d'une importation.

Caractère générique. — Le genre *Bos* appartient à l'ordre des ruminants, groupe d'animaux qui ont la faculté de faire revenir de l'estomac dans leur bouche la nourriture, pour la mâcher de nouveau.

Plusieurs espèces appartiennent à ce genre; ce sont : le bœuf domestique, le buffle, le bison, le yack, le zèbre et l'aurochs. Le bœuf seul intéresse la zootechnie, en France du moins.

Aptitudes. — L'espèce bovine est douée de quatre aptitudes que l'agriculture utilise pour ainsi dire successivement : c'est d'abord l'aptitude au travail pour la culture du sol, la production du lait, celle de la viande, et enfin celle des matières fertilisantes, c'est-à-dire du fumier.

Le but final de la vie du bœuf, c'est l'abattoir; ses

autres fonctions économiques ne doivent être considérées que comme accessoires. Elles correspondent aux différentes phases de sa vie, et, à ce titre, elles doivent être exploitées à des degrés différents, selon les milieux.

En effet, dans telle situation culturale donnée, l'aptitude au travail, par exemple, sera tout à fait négligée ; dans telle autre, au contraire, elle sera d'absolue nécessité. Toutefois, il faut bien se pénétrer de cette vérité, c'est que, la loi du progrès amenant une plus grande consommation de la viande, sa production doit être le but constant, l'idéal d'une bonne exploitation. A mesure que nous avançons sur le chemin du progrès, où nous rencontrons le perfectionnement des instruments aratoires, voire même la vapeur, l'amélioration des voies de communication et l'extension des cultures, la somme de travail de chaque animal se trouve d'autant diminuée. C'est assez dire que la force mécanique du bœuf perd de son importance à mesure que l'agriculture se perfectionne.

Beauté absolue. — La beauté absolue dans l'espèce bovine sera donc celle qui se rapprochera le plus du type de l'animal de boucherie.

Si la doctrine de la spécialisation, formulée par Baudement, pose en principe que la conformation d'un animal de travail ne saurait être la même que celle d'un producteur de viande, il est cependant des beautés absolues que M. Magne indique comme des conditions fondamentales de toutes les aptitudes. L'ampleur de la poitrine, l'épaisseur du garrot, la longueur de l'épaule, l'ampleur du poitrail, la ligne horizontale du dos, l'écartement des hanches, la largeur des cuisses bien soutenue, appartiennent à une conformation qu'aucune aptitude ne peut proscrire.

Ce serait une grande erreur de croire que certaines

conformations appartenant à quelques-unes de nos races travailleuses ou laitières, que certains caractères, tels que le développement du fanon ou l'élévation de l'attache de la queue, sont le propre d'une aptitude spéciale. Ce sont chez toutes les races des défauts que l'éleveur intelligent doit faire disparaître.

Passons maintenant en revue les différents types de conformation réclamés par la spécialisation des aptitudes.

Le bœuf de travail. — D'après ce que j'ai établi plus haut, à savoir : que l'idéal d'une bonne conformation chez le bœuf était celle qui favorisait le mieux, c'est-à-dire au meilleur marché, la plus grande quantité de viande possible, il ne saurait être question de déterminer quelle doit être la conformation du bœuf de travail.

Il me suffira de dire que des membres forts, des articulations solides, la puissance musculaire et respiratoire, la vigueur, sont son apanage.

Placé au point de vue que j'ai adopté, c'est-à-dire au point de vue de la meilleure exploitation de la machine animale, nous ne pouvons considérer le travail du bœuf que comme un état transitoire dont le progrès nous éloigne de jour en jour davantage. La preuve en est dans le nombre toujours croissant sur le marché des bœufs de quatre ans.

Le travail du bœuf peut être considéré comme une nécessité industrielle, dans certaines situations données, mais il ne saurait être admis comme un progrès.

La vache laitière. — Nous traversons ici une phase importante de la vie chez la femelle du bœuf. Aussi allons-nous indiquer les signes auxquels on reconnaît les meilleures vaches laitières.

Quant à l'ensemble de la conformation, il n'est point autre chez elles que chez le producteur de viande proprement dit, type idéal par lequel nous finirons ce rapide examen.

Selon M. Magne, on doit choisir pour laitières les vaches dont l'échine, au lieu d'être unie, présente vers son milieu une espèce d'échancrure; quelquefois c'est un abaissement qui se prolonge jusqu'à la croupe. Mais, contrairement à ce que pense le savant directeur d'Alfort, je pense que l'ampleur de la poitrine ne signifie absolument rien, au point de vue de l'aptitude laitière. Les races hollandaises et d'Ayr, toutes deux considérées comme la possédant à un degré élevé, sont des preuves frappantes de l'opinion que j'exprime. La première de ces races se fait, en effet, remarquer par l'étroitesse de sa poitrine; tandis que la seconde l'a fort développée.

Dans les bonnes vaches, dit M. Magne, le train postérieur présente un grand développement, les hanches sont fortement écartées et les os du bassin saillants; les cuisses, éloignées l'une de l'autre, laissent entre elles un espace considérable; la queue descend au-dessous des jarrets; elle est plus longue et moins grosse à la base que dans les bonnes bêtes de boucherie.

Le pis se montre généralement énorme dans les meilleures laitières, descend très-bas, s'avance quelquefois près du nombril et occupe exactement l'entre-cuisses. M. Magne ajoute que le volume du pis peut dépendre de l'épaisseur de la peau, de l'abondance de la graisse ou de la grosseur des mamelles. Dans les bonnes vaches, le pis diminue considérablement après la mulsion; il devient mou, flasque et ridé. Un pis graisseux, qu'on appelle improprement charnu, est homogène, ferme, résistant et presque aussi volumineux après qu'avant la traite.

Dans toutes les excellentes vaches, continue M. Magne, le système veineux est très-développé. Les veines qui existent sur les parties latérales du ventre sont les plus faciles à remarquer, et tous les auteurs les ont signalées comme un des signes les plus propres à faire reconnaître l'activité des mamelles. Les veines du pis doivent être grosses, celles du périnée, plus apparentes à sa base, ne se voient ni dans les génisses ni dans les bêtes médiocres. Il ne faut pas négliger non plus les vaisseaux et les glandes lymphatiques qui forment, vers la région du flanc, le long du bord antérieur de la cuisse, en dedans, des cordes noueuses que l'on sent au toucher.

Dans les très-bonnes vaches, observe M. Magne, les veines ne sont pas seulement apparentes par leur saillie, mais encore par une teinte jaunâtre de la peau des mamelles et du périnée; dans les génisses qui doivent être bonnes laitières, elles sont assez abondantes pour donner à la peau de la région des mamelles une teinte rosée.

A ces signes, j'en ajouterai d'autres encore dont la connaissance est passée dans la pratique depuis quelques années. Je veux parler du système de Guénon, cultivateur et marchand de vaches dans la Gironde.

Cet homme, doué d'un grand esprit d'observation, avait remarqué que les poils de la face postérieure des mamelles, appelés épis, se prolongeaient plus ou moins sur le périnée. Il conçut, sur ses observations, tout un système d'appréciations d'après lequel il reconnaissait les qualités lactifères de la vache. Admis à expliquer son système devant une commission nommée par le gouvernement, Guénon l'a formulé depuis, dans un livre dont la pratique la plus usuelle a consacré la valeur. Aujourd'hui, il n'est guère de marchands ou d'agriculteurs qui ne prêtent attention au plus ou moins d'étendue de l'épi, appelé par Guénon l'écusson.

Les vaches dont l'écusson enveloppe toute la face interne des cuisses, en se prolongeant jusqu'à la vulve, sont réputées les meilleures laitières.

Il est utile de faire observer que les caractères de la vache laitière que je viens d'indiquer sommairement, sont aussi ceux qui distinguent les taureaux appelés à perpétuer l'aptitude laitière.

Le bœuf de boucherie. — Je l'ai dit, étant donnés, d'une part, la destination du bœuf qui est d fournir à l'homme l'alimentation nécessaire au développement de ses forces, et, d'une autre, le progrès qui entraîne l'amélioration du sort des travailleurs, la conformation idéale du bœuf est celle qui fournit à la consommation le poids le plus fort de viande nette.

Il devient dès lors évident que l'éleveur doit surtout se préoccuper de diminuer toutes les parties du corps qui n'en fournissent pas. C'est ce qu'ont fait les Anglais en améliorant toutes leurs races bovines, et notamment la race du comté de Durham, qui peut passer pour le type le plus parfait du bœuf de boucherie.

Ce qui distingue l'animal de boucherie par excellence, c'est la légèreté de l'ossature comparée à la masse générale du corps. Une tête petite, un cou court, dépourvu de fanon, une grande ampleur de poitrine, un garrot épais, un dos long et large, des hanches longues, une cuisse bien musclée, siége de la culotte, morceau estimé entre tous, en un mot, un tronc formant le cube parfait, tel est l'idéal.

C'est à la finesse de la peau, se détachant facilement au toucher, au poil doux et comme cotonneux, à la placidité du regard, que l'on reconnaîtra les individus comme les races les plus propres à l'engraissement.

Pour me résumer, je dirai donc que le bœuf le plus parfait sera celui qui, dans le plus court espace de temps, produira la plus grosse quantité de viande.

Classification des races bovines. — Maintenant que nous venons de passer en revue les différentes fonctions économiques de l'espèce bovine, la classification des races, suivant leurs aptitudes, découle tout naturellement des principes énumérés ci-dessus.

Fidèle à la marche que nous avons suivie, je vais passer en revue : 1° les races travailleuses ; 2° les races laitières ; 3° les races de boucherie.

Races travailleuses. — Les travaux des champs ayant toujours été exécutés avec le bœuf, il est naturel que l'aptitude au travail se soit, plus que toute autre, développée chez nos races bovines. Mais, par cela même que cette aptitude répondait aux exigences du passé, il arrivera un moment où ce travail ne sera plus que l'exception dans l'entretien de l'espèce. Déjà, on peut constater une tendance marquée à favoriser la précocité, pour répondre aux demandes croissantes d'une plus grande quantité de viande. Le prix des animaux gras s'élevant sans cesse, l'agriculture cherchera de plus en plus à se passer du bœuf travailleur.

Ce n'est donc point pour répondre à un progrès zootechnique que j'esquisserai la monographie de nos races de travail, mais bien pour rester dans la vérité actuelle, pour tenir compte de la situation présente, qui va d'ailleurs se modifiant chaque jour.

Et comme il n'y a aucune raison pour donner le pas à une race sur une autre, nous nous dirigerons de l'ouest au sud, où se trouvent presque toutes les races travailleuses.

1.

La race mancelle. — Notre génération sera certainement la dernière à connaître la race mancelle, dont la transformation marche rapidement. Il faut donc se hâter de la faire connaître une fois encore, non parce qu'elle le mérite, mais comme un nouvel exemple de la formation des races par le croisement.

La population bovine du Maine et de l'Anjou s'était formée du mélange des races voisines de la Normandie, de la Bretagne et de la Vendée. Il en était résulté un groupe parfaitement homogène et d'un type bien caractérisé. C'est au canton de Brûlon et dans celui de Sablé, département de la Sarthe, considérés comme le berceau de la race mancelle, qu'on la trouve encore à l'état de pureté.

Très-rustique, très-sobre, elle est de grosseur moyenne ; son ossature est fine, sa peau assez mince ; sa poitrine, sanglée, manque de profondeur ; sa robe est blonde et sans mélange ; le mufle, le tour des yeux et la culotte sont d'une couleur plus pâle, plus lavée, et les extrémités d'une teinte blanchâtre. Le bœuf étant considéré comme un médiocre laboureur, et la vache comme mauvaise laitière, les éleveurs contemporains transforment la race mancelle par le croisement avec le taureau de Durham. Une nouvelle race est donc en train de se constituer par les mêmes voies que l'ancienne, c'est-à-dire par le croisement dans les pays manceau et angevin.

Les métis anglo-manceaux couvrent maintenant la contrée et y sont l'objet d'une faveur toute spéciale de la part des herbagers normands et des engraisseurs vendéens. Ces métis ont hérité des qualités de la race de Durham, sans perdre complétement l'aptitude au travail ; la vache, elle-même, a plus de lait que l'ancienne mancelle. Dans une grande partie de ces contrées, on abandonne le travail par les bœufs, afin de profiter plus amplement de la précocité de la nouvelle famille. Aussi la richesse agricole a-t-elle augmenté, dans une proportion considérable, dans l'Ouest, depuis quelques années. L'introduction de la race anglaise de Durham en est la principale cause. Aussi vais-je lui consacrer tout à l'heure un chapitre spécial.

Race vendéenne. — M. Sanson pense, et en cela je suis de son avis, que les prétendues races parthenaise, choletaise, nantaise, maraichine, marchoise, d'Aubrac, d'Angles, de la Causne, du Mézenc, ne sont que des rameaux détachés de la souche vendéenne.

M. Sanson établit très-bien que ce type, originaire du littoral vendéen, s'est répandu vers le sud-est, en suivant le versant méridional des hauteurs qui séparent le bassin de la Loire de celui de la Garonne, en partant des montagnes de l'Auvergne pour venir s'éteindre au plateau de Gâtine, en Poitou, à 336 mètres au-dessus du niveau de la mer.

Tous ces bœufs, connus sur le marché sous les noms de gâtinaux, de parthenais, de choletais, ont tous les mêmes caractères typiques : cornes de moyenne longueur, blanches à leur base et noires à l'extrémité, à pointes relevées, souvent dirigées en arrière ; oreilles larges, épaisses, plantées haut et garnies de poils à l'intérieur ; protubérance frontale large et épaisse, front plat et large, arcades de l'œil saillantes, sorte de dépression suivant la ligne du nez, chanfrein un peu camus, joue petite, bouche grande, fanon partant du museau, se prolongeant sous la gorge et jusque sous l'encolure.

La couleur du bœuf vendéen est remarquable. Son pelage se montre noir au mufle et au bord des paupières, entourées de poils blancs brillants à leur extrémité ; la face, l'encolure et les épaules, brunes, se détachent d'une façon originale sur le reste d'un pelage fauve, tirant plus ou moins sur le jaune ou sur le gris ; cette dernière nuance domine sur l'échine, sous le ventre et la face interne des cuisses.

La taille du vendéen varie de 1^m,35 à 1^m,45. Elle augmente à mesure que l'on se rapproche du littoral. La variété nantaise atteint le plus haut métrage et passe, à juste raison, pour l'une des plus fortes races de trait. On l'emploie sur le quai de Nantes au transbordement des marchandises, où elle accomplit des prodiges de vigueur, de ténacité et de force, avec un calme parfait. Plusieurs agriculteurs de l'Anjou se servent du bœuf nantais pour accomplir les travaux de leur culture. Ils sont, là, assimilés au cheval, attendant, sous le joug, la fin de leur carrière.

Les bœufs de la Vendée et du Poitou sont attelés à la charrue et même à la charrette, au moyen de jougs ; aussi attache-t-on là une grande importance à la forme de la tête, à la physionomie, à la disposition des cornes, en un mot, à la partie antérieure de l'animal.

Cette aptitude au travail indique une encolure courte et fortement musclée, une épaule longue et oblique, la ligne du dos droite, les hanches larges, la croupe et la cuisse bien musclées, des membres forts et des articulations solides. Leur peau, sans être mince, est cependant assez souple, ce qui explique leur facilité relative à l'engraissement. Les autres variétés, telles que celles d'Aubrac et du Mézenc, dénotent moins d'aptitude à l'engraissement et sont, bien que d'une construction plus légère, plus aptes au travail.

Voici les appréciations que M. Baduel d'Austrac, éleveur du canton de Lagniole, primé au Concours universel de 1856, envoyait à Baudement à l'issue de l'Exposition, et que notre bien-aimé maître nous avait communiquées :

« Les animaux d'Aubrac ont la peau noire à la superficie, le poil d'un noir cendré ou noir brun à sa base. Les yeux et le mufle sont entourés de blanc; le mufle et les cils sont noirs. La peau qui recouvre le pis, le ventre et la face interne des cuisses est blanche; une ligne de cette couleur se remarque le plus souvent aussi sur l'épine dorsale : le poil varie du gris fauve au gris argenté, appelé dans le pays « maruel. » Les crins de la queue sont toujours noirs. Après la castration, la teinte générale du poil s'éclaircit.

« Les cornes de l'Aubrac se dirigent d'abord horizontalement, se contournent un peu en avant et relèvent gracieusement leur pointe en décrivant deux courbes régulières. Ces cornes, d'un blanc sale à la base et toujours noires à la pointe, sont grosses.

« La tête est peu large, mais la surface en est plane ; l'œil vif et à fleur de tête ; le chanfrein court et large ; l'encolure courte et bien musclée ; le fanon bien détaché sans être pendant ; le poitrail développé ; les épaules sont larges et musculeuses ; le bras et l'avant-bras bien musclés, les côtes arrondies ; le ventre est peu volumineux ; le corps ramassé, trapu, est cylindrique et près de terre ; le dos presque horizontal ; les hanches ne sont point saillantes ; les cuisses larges et descendues, mais courtes ; les extrémités fortes, les jarrets larges, bien évidés et légèrement coudés ; les pieds ronds et durs. L'ensemble de leur conformation annonce la force et la vigueur et l'aptitude au travail, sans exclure celle à l'engraissement. L'Aubrac est sobre, accoutumé aux intempéries des saisons très-changeantes, doux et maniable. »

L'opinion de M. Baduel est que l'origine de la race d'Aubrac ne se rattache à aucune autre; on a vu que je ne l'acceptais pas. Ses principaux centres d'élevage se trouvent dans l'Aveyron, dans la Lozère et dans un coin du Cantal. De là elle est exportée par bandes de jeunes taureaux et de génisses dans le Tarn et dans les environs de Castres.

M. Victor Borie a voulu également distinguer l'Aubrac du bœuf du Mézenc. Nous allons voir, cependant, comment ils arrivent dans cette contrée pour s'y mêler aux animaux du pays, de façon, selon moi, à n'y former qu'une seule et même race, ne différant de la souche mère que par les caractères secondaires.

Les montagnes de Lagniole élèvent beaucoup de jeunes bœufs, vendus à l'âge de trois ans aux cultivateurs de l'arrondissement de Marvejols (Lozère). On les garde là, pour les travaux des champs, jusqu'à l'âge de six, sept et huit ans, et on les vend aux foires de la Lozère pour le Mézenc. En somme, Lagniole produit ; les Canourgats utilisent le travail, et le Mézenc engraisse. Telle se montre la division du travail dans l'industrie bovine de cette contrée.

La variété d'Aubrac contribue à l'approvisionnement de toutes les villes du Midi, c'est-à-dire de Rodez, de Montpellier, Nîmes, Aix, Marseille, Toulon, Avignon et Lyon. Le poids vif d'un bœuf engraissé est, en moyenne, de 610 kilogrammes. Poids de la viande nette, 340 kilogrammes ; suif, 40 kilogrammes ; cuir, 60 kilogrammes ; issues, 135 kilogrammes. Un taureau ou une vache de deux ans se vendent généralement 200 francs ; un bœuf de travail, 328 francs ; un veau d'un an, 100 francs. Ces prix, donnés à Baudement par M. Baduel en 1856, ont augmenté.

Baudement a placé au premier rang la race vendéenne dans le classement si consciencieux qu'il a fait, pendant plusieurs années, à l'issue du concours de Poissy. En 1856, nous trouvons un bœuf de quatre ans à M. Rivel, donnant 900 kilogrammes de poids vif ; au moment du concours, 838 kilogrammes ; le jour de l'abatage, poids des quatre quartiers, suif et cuir déduits, 570 kilogrammes. Aux observations on lit : viande belle, suif bon. Le rapport de Baudement place la race choletaise parmi les plus précoces.

La vache vendéenne est, en outre, assez bonne laitière. En Auvergne, on l'exploite pour la fabrication du fromage. La plus parfaite qu'il me souvienne d'avoir vue appartenait à M. Boiscourbeau, éleveur distingué du pays nantais, et figurait au Concours universel de Paris, en 1856, où elle obtint le premier prix ; son arrière-main surtout était remarquable, son ossature et sa peau étaient d'une grande finesse. Le même éleveur avait obtenu un premier prix au concours régional de Napoléon-Vendée avec une vache parthenaise que l'on pouvait considérer comme le plus beau type de la race.

On le verra, en avançant dans cette étude, la race vendéenne est l'une des plus précieuses que nous possédions. Et, bien qu'elle soit apte aux plus durs travaux, elle n'en possède pas moins une aptitude remarquable à la précocité. L'avenir étant tout entier à la spécialisation, il n'est pas douteux que dans la plupart des situations où l'on entretient la race vendéenne, on la spécialisera plus encore qu'aujourd'hui en vue d'une production de viande supérieure à celle qu'elle fournit jusqu'ici.

Les soins qui sont donnés jusqu'à deux ans aux bœufs vendéens et l'excellente nourriture qu'ils reçoivent dès qu'on les a débarrassés du joug, nourriture composée principalement de choux et de farineux, chez les fermiers engraisseurs, montrent que c'est à un choix plus sévère des reproducteurs que les éleveurs doivent s'attacher. Dans certaines contrées, il serait imprudent, assurément, de conseiller de recourir à des taureaux étrangers à la race pour l'améliorer ; partout où le travail du bœuf joue un rôle important dans l'exploitation du sol, on agira sagement en se bornant à choisir dans la race elle-même les meilleurs sujets pour les livrer à la reproduction. Mais partout où le bœuf sera considéré seulement comme producteur de viande et d'engrais, il n'y aurait aucun inconvénient à recourir au croisement avec une race mieux douée que la race vendéenne, sous le rapport de la précocité.

Race auvergnate. — Dans son *Économie du Bétail*, M. Sanson substitue avec raison à la désignation de race de Salers, celle de race auvergnate, comme désignant mieux le groupe d'animaux vivant sur les monts d'Auvergne. Les sommets du Cantal, en raison des brouillards épais qui les enveloppent d'une rosée abondante et de la riche composition de leur couche végétale, sont éminemment favorables à l'élevage du gros bétail, qui donne lieu à un commerce important. Les foires d'Aurillac, de Mauriac et de Salers sont toujours amplement approvisionnées.

Voici le portrait que trace M. Magne de cette race jusqu'ici désignée sous le nom de race de Salers.

« Corps grand, souvent mince et haut monté sur jambes ; saillies osseuses fort apparentes, fesses peu charnues ; cuisses minces, trop fendues ; encolure moyenne ; fanon grand, tête courte et forte, cornes grosses, lisses, noires au sommet et le plus souvent régulièrement contournées en se relevant en dehors ; membres très-forts, genoux en dedans, épaules longues et se rapprochant au sommet, ce qui rend le garrot mince ; peau épaisse, dure ; poil long et constamment d'un rouge foncé, quelquefois presque brun.